BIRDER SPECIAL

新 庭に鳥を呼ぶ本

藤本和典

野鳥や彼らを取りまく生き物たちの
“生きる力”をちょっとだけ後押しする。
そんな庭づくりを提案します。

文一総合出版

鳥が来る庭

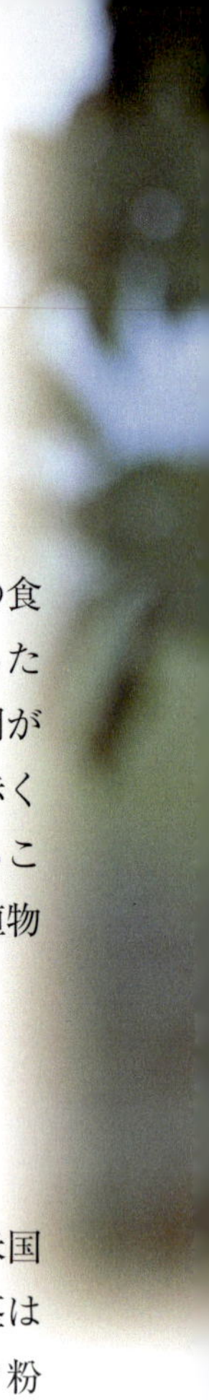

ビオトープという言葉を耳にするようになってからだいぶ時が経ち、今はブームが去ってしまったかのように勢いがなくなってしまいました。「生き物が生息できる環境を再生・復元する」というビオトープの活動を、一過性のブームのように扱ってはならないと思います。もっと生活に根ざした、庭先でも継続できる環境づくりが必要なのです。本書は、そんなことを考えながら書きました。

今から50年ほど前、東京の小さな庭に置いた手づくりの餌台には、1か月以上待ってやっとスズメが、3か月後にヒヨドリがやって来ました。とてもうれしかったことを覚えていますが、その後、エナガやコゲラも来るようになるとは思いもよらぬことで、現在までに渡りの途中に立ち寄る鳥を含めると、24種類の野鳥を記録しています。この間、さまざまな工夫を重ね、少しずつですが、何が大切なのかがわかってきました。それは、野鳥たちへのやさしい気持ちに基づく環境づくりです。

改訂版で大きく変わったのは、環境づくりには、何でも植えればよいということではなく、その土地に合った自生種を選ぶことが大切だということです。外来種のピラカンサは、赤い実をつけてたくさんの野鳥を誘います。ピラカンサは、青い実の時期には果肉の中に毒成分を用意し、鳥に食べられないようにしていますが、中の種子が熟すと赤色の食べてもいいサインを出します。最近わかったことですが、人気の高いピラカンサは人間が人工的に増やしてくれるので、その実が赤くなっても野鳥を殺すだけの毒をもっていることがあるのです。自然から切り離された植物といえます。

庭木として人気の高いハナミズキは、米国の乾燥した山の中で育つ木なので、葉や茎は日本の湿潤な気候に弱く、カビ（ウドン粉病）に覆われて真っ白になります。品種改良された木も同様に、実がならなかったり生き物の少ない季節に花が咲いたり、ほかの生き物との関係がなくなっているのです。こうした植物は、日本の生態系から切り離されているといっても過言ではありません。

ビオトープという言葉にこだわる必要はなく、ドイツやイギリスのような先進国を見本とする必要もありません。木が育ち、たくさんの生き物が身近で見られるすばらしい環境であれば、すぐに楽しい結果が得られることは間違いありません。ここ10年ほど住宅メーカーの緑化の仕事にかかわって、「5本の樹計画」という名称で企画から監修までをお手伝いしています。3本は野鳥の好きな木の実がなる木を、2本はチョウがやって来る木で

イギリスで庭先のえさ台にやって来たキバラシジュウカラ

す。もちろん5本だけでいいわけではなく、10本でも50本でも、できるだけ多くの木を植栽しようという活動です。最近では年間に80万本以上の木を、全国の戸建て住宅を中心に植えることができました。また植える樹種は、その地域の自生木で里山に生育する木を選んでいるのです。野鳥やチョウだけでなく、たくさんの生き物がやって来るので、実施している人はたいへん驚いているのがうれしいかぎりです。東京の郊外にある5本の樹の庭を見学に行ったとき、エゴノキの実がたくさんなっている家にだけ、ヤマガラが来ていました。1本のエゴノキがあるだけで、ほかの家とは違う、別世界の庭のようでした。

わたしたちは、環境を次の世代に健全な姿で継続させることが義務だと思います。やらなければならないと思いますが、何か難しいことだと思ってやっていないかもしれません。この本に書いてあることは人任せでなく、すぐできる身近な自然保護といえます。自宅ではじめれば一つの緑の点でしかありませんが、お隣りやご近所もはじめ、街路樹や公園、校庭とつながって緑の線が面となれば、生き物でいっぱいのすてきな環境が広がっていくことでしょう。

2009年9月

愛知県新城市桜別館でエナガの声を聞きながら

シェアリングアース協会会長

藤本　和典

BIRDER SPECIAL

新 庭に鳥を呼ぶ本

もくじ

用語の解説

暗渠（あんきょ）：コンクリートやアスファルトでふたをした、知かを走る水路。生き物が利用できなくなり、死んだ川となる。

縁側（えんがわ）：木で作られた昔ながらの日本家屋の、庭に面した戸の外側を縁取る木の薄い板の部分。

外敵（がいてき）：外からの敵。主な生き物は、ほかの生き物によって餌として利用されることがある。鳥にとっての外敵とは、カラス、タカ類、モズ、イタチ、ネコなどをいう。

甲虫（こうちゅう）：テントウムシ、コガネムシなどのカブトムシの仲間。外側のはねが硬くなっているため、こう呼ばれる。

穀類（こくるい）：人間が栽培する種子を利用する作物。コムギ、トウモロコシ、アワなど。

コンポスト：生ゴミなどの量を少なくし、堆肥づくりなどを簡単にするために考えられた、プラスチックの容器。下半分を土の中に埋めて使い、コンポスターなどの商品名で製品化されている。最近は、設置することで補助金の出る地方自治体もある。

さえずり：鳥が主に春から夏にかけての子育てのころに特別に鳴く、耳に残るような歌声。なわばりを宣言するときや、雄が雌を求めるときに鳴く。

雑食性（ざっしょくせい）：主に木や草の実、種子などの植物質と、昆虫や小動物などの動物質の両方を食べること。カラスの仲間やスズメなどは雑食性。

自生（じせい）：植物の種子が、鳥のふんに混じって運ばれたり風に飛ばされたりして、自然に芽を出して育つこと。←→植栽

樹洞（じゅどう）：木の幹に空いた穴。枝が落ちたり木がくさったり、雷が落ちたりしてできたものや、キツツキの仲間などが巣として使うために空けたものなどがある。

小昆虫（しょうこんちゅう）：主にガの幼虫やハエなどの小形の昆虫のこと（カイガラムシやクモを含めることもある）。メジロやシジュウカラなどの小形の鳥が主食とし、スズメなども子育ての時期には好む。

小動物（しょうどうぶつ）：カエルやトカゲなどの小形の両生類・はちゅう類や、ネズミやモグラなどの哺乳類。

傷病鳥（しょうびょうちょう）：けがや病気、あるいは巣立ちに失敗して保護された鳥。傷病鳥を見つけたら、すぐに都道府県庁などの担当係に連絡して指示を受け、同時に箱に入れて暖め、布をかぶせて落ち着かせるといい。ひどく弱っているのでなければ、固ゆでの卵の黄身とパンに砂糖を溶かしたお湯を混ぜて、口に入るくらいの小さな団子状にして与えるとよい。収容可能先リストは以下のサイトを参照のこと。

http://www.asterisk-web.com/sparrow_club/resq/list_s.htm

常緑樹（じょうりょくじゅ）：一年中、葉のある樹木。実際には、4～6月に一部の葉が落ちるが目立たない。マツやイチイなど、針のような形の葉をした常緑針葉樹と、ツバキやクスノキなど、広い葉の常緑広葉樹がある。

雑木林（ぞうきばやし）：人間によって維持、管理されている林。かつては20～30年ごとに切られて薪や炭などに使われ、また落ち葉は堆肥などに利用されていた。切らずにそのままにしておくと別の林になる。野火などで自然にできることもある。木の種類は地方によって異なり、関東地方ではコナラ、クヌギ、シデ類などの落葉広葉樹が主体。二次林ともいう。

堆肥（たいひ）：主に落ち葉や枯れ草などの植物質を土中で腐らせたもの。

都市鳥（としちょう）：その種の一部が都市に適応して生活している鳥。キジバトやヒヨドリなど。ヒヨドリでもキジバトでも、山にすんでいるものもいる。

なわばり：主に春から夏にかけての子育てのころ（繁殖期）に、雄と雌が生活できる範囲。英語ではテリトリーという。モズやジョウビタキは、餌の少なくなる秋から冬にかけてもなわばりを作ることが知られている。

バードカービング：鳥の木彫り。もともとは狩猟のおとりとして作られた。現在では剥製に代わり、博物館などの展示用に制作される。

繁殖（はんしょく）：動物が次の世代を残すための一連の行動。鳥の場合、さえずり、巣作り、産卵、子育て、巣立ちなどを指す。

冬鳥（ふゆどり）：北方より日本に渡ってきて冬を過ごす鳥。オオハクチョウやツグミなど。ほかに夏は日本で子育てをし、冬は南に渡る夏鳥（ツバメやオオルリなど）、一年中、日本で生活する留鳥（スズメやムクドリなど）、日本より北で子育てをし、日本より南で冬を過ごし、日本は春と秋に通過するだけの旅鳥（シギ・チドリ類など）がある。

実生（みしょう）：種子から芽を出した樹木の若木。

水辺植物（みずべしょくぶつ）：水辺に育つ植物の総称。水中に生えるカナダモやフサモ、水面に浮くホテイアオイ、水から茎や葉を出すセリやガマなど。

八重咲き（やえざき）：花の雄しべなどが、突然変異や改良によってたくさんの花びらに変わること。←→一重咲き

落葉広葉樹（らくようこうようじゅ）：広い葉をもち、冬には葉を落とす樹木。サクラやケヤキ、コナラなど。

四季の庭と鳥

春

オナガ
キジバト
カップル
蜜を吸う
ヒヨドリ
エゴノキ
ヤマザクラ
ニシキギ
ウグイス
イヌツゲ
スズメ砂遊び
モンシロチョウ
ルリタテハ
カワラヒワ

クヌギ
ケヤキ
シロダモ
シジュウカラ
ヤブツバキ
ツバメ
ヒサカキ
ツワブキ
ヒツジグサ
アズマヒキガエル産卵
シラカシ
メジロ
キツネアザミ
カナヘビ
カラスノエンドウ
モンキチョウ
Eriko.K.

四季の庭と鳥

夏

ムクドリ
ヒヨドリ
キジバト
巣作り
ヤマユリ
クロアゲハ
シジュカラ親子
スズメ
タンポポの
綿毛を食べる
カワラヒワ

アオスジアゲハ
メジロ
クロスジギンヤンマ
ミソハギ
シオカラトンボ
ナミアゲハ
キクモ
オナガ水浴び
オオバギボウシ
オオカマキリ
ムクドリ
クマバチ
ツユムシ
ERIKO.K.

四季の庭と鳥

秋

ヒヨドリ
モズ
ヤマガラ
ガマズミ
ムラサキシキブ
ジョウビタキ
ヤマハギ
ウラナミシジミ
キチョウ
リョウブ
キジバト

ヒヨドリ群れ
イカル
シジュウカラ
ウスバキトンボ
アキグミ
ネズミモチ
オナガ
オモダカ
アキアカネ
産卵
ナミアゲハ
のさなぎ
サンショウ
アオジ
ミツバアケビ
オミナエシ
カゼグサ
ヒメアカタテハ
オンブバッタ
ウメモドキ
カワラナデシコ
エノコログサ
Eriko. K.

四季の庭と鳥

冬

カワラヒワ群れ
シジュカラ
エナガ
の混群
ミノムシ
マンリョウ
シジュウカラ
アオキ
シロハラ
シメ
アカハラ
ハクセキレイ
ツグミ

ヒヨドリ
ヤブツバキ
モズ
メジロ
コゲラ
センリョウ
スズメ
ジョウビタキ
タンポポのロゼット
Beiko. K.

庭に来る野鳥図鑑

庭でよく見られる野鳥 50 種の大きさや色、動きの特徴を紹介。
訪れてくれた鳥の名前がわかると、
彼らとの距離がぐっと縮まること間違いなしです。

キジバト

一年中。山野では警戒心が強いが、市街地では人を恐れない。ネコ対策をしておけば（p.51）、庭先で日光浴や水浴びをするし、一年を通して庭木に巣を作ることもある。草の実を食べたり、えさ台もよく利用する。

アオゲラ

一年中。ハトぐらいの大きさ。山地から平地にかけての雑木林で見られ、木を多く植えて古木を残すと、郊外の庭先にもやってくる。牛の脂身を好む。警戒心が強いので静かに観察しよう。

アカゲラ

秋～春。ヒヨドリより少し大きい。山野で見られるが、北日本の市街地では、冬期、大きな木があると庭先にやってくることもある。牛の脂身を好む。警戒心は強い。

キセキレイ

一年中。スズメぐらいの大きさ。水辺にすみ、いつも長い尾を上下に振っている。近くに水辺環境があり、オープンスペースのある山地の庭先などに、小昆虫やクモをねらってやってくる。軒下など建物のすき間に巣を作ることもある。

ハクセキレイ

一年中。スズメぐらいの大きさ。普通の戸建ての住宅にやってくるケースは少なく、公園の芝生や家庭菜園などの地面で小昆虫を食べる。雪などで餌が少ないと、えさ台の下のパンを食べにくることがある。

コゲラ

一年中。スズメより小さい。山地から市街地まで広く見られる。庭先でも古い木の枯れかけた場所に巣穴を掘ったり、木をたたく音が聞かれる。牛の脂身を好んでやってくる。

ヒヨドリ

一年を通して市街地で普通に見られ、庭木に巣を作ることもある。山地にすむものは、秋になると平地に移動してくる。春先にえさ台を独占し、嫌われ者になることもある（対策は p.65 参照）。

モズ

秋〜春。スズメより大きい。山野で見られることが多く、市街地では最近はあまり見られなくなった。家庭菜園で掘り出される土中のミミズなどをねらうが、クコなどの木の実も食べる。

キレンジャク

秋〜春。スズメより大きい。冬鳥として日本に渡ってくる。数年に一度、大群でやってきて話題になるが、山地では、数は少ないが毎年見られる。西日本では尾の先が赤いヒレンジャクが多い。

ミソサザイ

一年中。スズメより小さい。山間部の水辺環境を好む。冬期、一部が平地の緑の多い公園などにやってくることがある。軒下など人家の周りで、小昆虫やクモなどを捕らえて食べる。

カヤクグリ

秋〜春。スズメぐらいの大きさ。高山にすみ、冬は越冬のために山野に降りてくる。地面で草の実などを食べ、目立たない。庭先のえさ台を利用することもあるが、地味なので気がつかないことも多い。

ルリビタキ♂

秋〜春。スズメぐらいの大きさ。秋、雪に追われるように高山から平地に降りてくる。緑の多い公園などで見られ、単独でいることが多い。メスは地味で目立たない。地面でミミズや小昆虫を探して食べている。

マミチャジナイ

初夏と秋。ヒヨドリぐらいの大きさ。渡りの途中に日本を通過する旅鳥。市街地の緑の多い公園や住宅地に10日間くらい滞在する。庭先で木の実を食べたり、水場を利用するが、体色が地味なので気がつかないことが多い。

ジョウビタキ♂

秋〜春。スズメぐらいの大きさ。北国から日本海を渡ってやってくる冬鳥の代表種。オレンジ色の体色のオスは美しい。庭先にはムラサキシキブの実などを食べにやってくる。地表の昆虫やミミズも好む。

アカハラ

秋〜春。ツグミと同じくらいの大きさ。最近、数が減っている。地面に降りていることが多いが、樹上で木の実を食べることもある。えさ台では、果物やパンなどを食べる。

ウグイス

秋〜春。スズメぐらいの大きさ。オスのほうが少し大きく、やぶの中で尾を振って枝渡りをしながらクモや昆虫を探す。春、さえずりはじめる時期には山野へと帰る。姿は見つけにくく「チャッ、チャッ」という声でその存在を知ることが多い。

キビタキ

初夏、秋。スズメより小さい。東南アジアから渡ってくる夏鳥。主なえさは小昆虫だが、渡りの途中、数年、都心の庭先のサンショウの実を食べに立ち寄った例もある。池など水辺環境を整えるといい。

ツグミ

秋〜春。ヒヨドリぐらいの大きさ。秋はムクノキなどの木の実を食べるため、木の上にいることが多い。春先になると、群れをつくり地表でミミズなどを捕らえる様子が見られる。庭先では単独行動が多く、パンや果物を食べる。

オオルリ

初夏、秋。スズメより大きい。夏鳥として渡ってくる。山地の川などの水辺環境で見られ、空中を飛ぶ小昆虫をフライキャッチする。渡りの途中、市街地の庭や公園で見られることもある。

エナガ

秋〜春。スズメより小さい。尾が長く、小さなくちばしでクモや小昆虫を捕らえる。冬の間は十数羽の小さな群れで生活し、春早くに巣を作りはじめる。牛の脂身やバードケーキを好む。

ヒガラ

秋〜春。スズメより小さい。山地の明るい林を好む。小昆虫や木の実をえさとしているが、牛の脂身なども好み、山地の庭では冬期はひんぱんにえさ台にやってくる。夏期はよく水場を利用する。巣箱にも入る。

コガラ

秋〜春。スズメより小さい。山地で生活し、市街地には来ないが、北海道ではよく似たハシブトガラとともに庭先にやってくる。シジュウカラの仲間で最も白っぽい体色をしており、体も小さい。

ヤマガラ

秋〜春。スズメぐらいの大きさ。山地に多く見られるが、緑の多い公園や林の近くの庭先にもやってくる。カヤやエゴの実などを足で押さえ、くちばしで割って食べる。えさ台ではヒマワリを好む。

シジュウカラ

一年中。スズメぐらいの大きさ。山地から市街地の庭先まで広く見られる。巣箱をよく使う。主に小昆虫やクモを食べるが、冬期はえさ台でヒマワリの種やピーナッツを食べる。水浴びを好み、水を張っておけば夏期もやってくる。

ゴジュウカラ

秋〜春。スズメぐらいの大きさ。シジュウカラより体が大きいのでこの名がつく。小昆虫やクモなどを好む。冬期、山地の庭先には牛の脂身やヒマワリを食べにやってくる。木の幹に下向きに止まることができる。

メジロ

一年中。スズメより小さい。最近は市街地でも一年を通して見られる。冬期、ツバキの仲間の花蜜を吸い、春、庭先で巣を作ることもある。甘いものを好み、えさ台の果実やジュースにやってくる。

ホオジロ

秋〜春・一年中。スズメより大きい。山地では一年中見られるが、市街地や平野部では少ない。林の縁や川原、荒地を好み、草の実や小昆虫を食べる。山地では、民家の庭先で営巣した例もある。

アトリ

秋～春。スズメより少し大きい。冬鳥として日本に渡ってくる。山野では数百羽以上の群れをつくって、木に止まったり地面に降りて木の実や草の種子を食べる。春先には市街地の公園でも見かける。

ノジコ

秋～春・一年中。スズメより小さい。山地で夏を過ごし、冬期は温暖な地方に移動して越冬する。市街地の庭先で越冬することもある。山地の近くの庭先では、春になるとえさ台にやってくる。アオジによく似ているが、ノジコは目のまわりが白いことで区別できる。間違えないように注意が必要。

カワラヒワ

一年中。スズメぐらいの大きさ。オスは翼に黄色い羽があり、全体の黄色味も強い。庭先などでもよく巣を作る。十数羽の群れで移動し、大好きなヒマワリの種などがえさ台にあるとやってくる。

アオジ

秋～春。スズメぐらいの大きさ。庭先に来てもえさ台には乗らず、やぶの中や地面にいることが多く、目立たない。「チッチッ」と鳴き、地面に落ちたパンやアワを拾う。暖地では同じころにクロジがやってくる。

マヒワ

秋〜春。スズメより小さい。20 〜 30 羽かそれ以上の群れで生活。主に冬鳥として日本に渡ってくる。草原の地面で実を拾うことが多いが、庭先や家庭菜園のシソや小菊の種子をついばむこともある。

ハギマシコ

秋〜春。スズメより大きい。山地の積雪のある斜面の地上で草の実を拾う。えさ台ではアサの実などを好み、一度来ると毎年やってくるようになる。年によって飛来数が大きく変わる。

オオマシコ

秋〜春。スズメより大きい。冬鳥として日本に渡ってくる。山地の明るい森の近くの草原でマツヨイグサなどの草の種子を食べる。成鳥のオスは赤色で美しく、えさ台でヒマワリやアサの種子を食べる。

ウソ

秋〜春。スズメぐらいの大きさ。文鳥のような色・形をしているが、オスは胸がピンク色で美しい。山野で見られ、特に北日本では市街地でも見られる。草の種子や木の芽を食べ、えさ台ではヒエやアワなどを好む。

イカル

秋〜春・一年中。ヒヨドリよりひと回り小さい。くちばしは黄色で大きく、目立つ。主に山地で見られるが、市街地にやってくる地域もある。草や木の実、特にヒマワリの種子を好む。「キコキコキィー」という美しい声が特徴。

シメ

秋〜春。スズメより少し大きい。アトリ科のカワラヒワの仲間で北海道以北で繁殖し、秋に本州などに渡ってくる。太いくちばしで固い木の実を割って食べる。庭先ではヒマワリを好む。

スズメ

庭先で一年中見られる。人が住むところなら山間部でも普通に見られる。秋、川原や空き地の草の種子が実るころには群れをつくって生活する。春先から初夏にかけての繁殖期には、子育てのためにガの幼虫やクモを捕らえる。庭先でよく砂浴びをする。

ムクドリ

一年中。ヒヨドリぐらいの大きさ。オープンスペースがあると、庭先の地面でも虫やミミズを探す。カキやビワなどの果実を好んでやってくる。えさ台ではパンなどを食べる。

カケス

秋〜春・一年中。ハトと同じぐらい。山地に広く見られるが、秋にはドングリを食べるため、平地の雑木林にやってくるものもいる。カラスの仲間で雑食性。えさ台ではパンや果実をよく食べる。

オナガ

一年中。ハトよりやや小さいカラスの仲間。尾が長く、黒いベレー帽と青い体色が美しい。小動物から木の実まで何でも食べる。北海道を除く、大井川（静岡県）以東の東日本で見られる。

ハシブトガラス

一年中。住宅地で最も普通に見られる野鳥。カキやビワなどの果実がよくねらわれる。牛の脂身などを軒下に置いても、逆に人間を警戒して近寄ってこない。くちばしの細いハシボソガラスも同様。

ドバト

一年中。公園や駅前など人がたくさんいる場所を好む。開けた明るい環境を好むが、感染症の病原菌をもっていることがあるので、むやみにパンなどをやらないこと。庭先にはあまりやってこない。

ガビチョウ

一年中。ヒヨドリぐらいの大きさ。薄茶色で尾が長く、目の回りの白色が目立つ。最近、人里近くや山野で数を増やしている帰化鳥。雑食性で、今後、庭先でも普通種になるかも。

ソウシチョウ

一年中。スズメより少し大きい。中国からの帰化鳥で、日本各地の山野で増えている。赤色と黄色の羽が美しいが、在来の野鳥の生活を脅かしている。冬期は数羽の群れで行動する。雑食性。

ホンセイインコ

一年中。ハトぐらいの大きさ。主にインドに分布する中形のインコ。大食ゆえにペット業者が大量に放鳥し、各地で数を増やしている。ヒマワリの種を好み、えさ台には群れでやってくる。日本で野生化したのは亜種ワカケホンセイインコ。

ツミ

秋〜春・一年中。ヒヨドリ〜ハトぐらいの大きさ。タカの仲間では最も小さい。最近、市街地の公園や街路樹でも巣を作るようになった。庭先でスズメなどの小鳥をねらうこともある。

コサギ

一年中。カラスぐらいの大きさ。庭先の池に、メダカなどをねらってやってくる。警戒心が弱いものもいて、戸建て住宅の庭先で見られることもある。大きめの水場があるところでは、庭先でアオサギやゴイサギなども確認されるようになっている。

キジ♂

一年中。カラスぐらいの大きさ。日本の国鳥で、山野で見られる。春先に大きな声で「ケンケン」と鳴く。山地などでは林に近い庭先にもやってきて、地面でヒエやアワ、パンなどを食べる。

ヤマドリ

秋〜春・一年中。カラスより大きい。尾が非常に長く、山地の渓流近くの庭先では、えさ台の下などで見られることもある。雑食性で、地面に落ちている草木の実や小昆虫などを食べる。早朝や夕方に見られることが多い。

鳥の好きな植物図鑑

野鳥が果実などを好む植物50種を紹介。
庭のレイアウトなどを考慮しながら、ここに挙げた植物を植えれば、
あなたの庭もたくさんの鳥たちが訪れる“バードガーデン”に！

ムクノキ（ニレ科）

落葉高木。本州（関東以西）～沖縄に分布。山地に多く見られ、公園などにも大木がある。花は小さく実も樹冠にあるため目立たないが、黄葉するころに渡り途中に立ち寄るマミチャジナイやコムクドリなどが利用する。また、メジロやヒヨドリ、オナガなどもえさとする。種子は大きく、甘くておいしい。同じニレ科のエノキも、同様に利用される。

コブシ（モクレン科）

落葉小高木～高木。北海道～九州に分布。主に山野に生え、標高1,000m以上の山地まで普通に見られる。美しい花は目立ち、咲く時期は農耕を始める目安となっている。実は、渡り鳥がやってくるころに赤く熟し、食べられずに残ると種が糸を引いてたれ下がり、やがて落ちる。ツグミ、シロハラ、ヒヨドリ、アオゲラなどが利用する。

イヌビワ（クワ科）

落葉低木。本州（北関東北西）～沖縄に分布。山地や町の公園などに広く生育し、秋の黄葉が美しい。近年の地球温暖化のため分布域が北上している。雌株は大きな実がなり、甘くておいしいが、イチジクコバチが産卵していることがあるので、人は食べないほうがいい。メジロ、ヒヨドリ、ムクドリなどが利用する。

サネカズラ（マツグサ科）

落葉つる性。本州（関東以西）〜沖縄に分布。別名ビナンカズラ。地球温暖化のためか、東京の公園などでも赤い大きな実をつけているのが確認されている。メジロの小群がやってきて食べているのを観察したことがある。また、ヒヨドリやツグミも利用しているようだ。棚作りなどで庭へ植栽しても楽しく、壁面緑化にも活用できる。

タブノキ（モチノキ科）

常緑高木。本州〜沖縄に分布。暖流のぶつかる海岸に近い林に多く、葉もよく茂って大木となる。公園などによく植えられる。西南日本では、よく実がなり、ツグミやムクドリ、ヒヨドリなどが利用する。三宅島ではアカコッコが食べる。夏の終わりごろには、70ミリぐらいの球形の実が黒色に熟す。

シロダモ（クスノキ科）

常緑高木。本州（宮城・山形以西）〜沖縄に分布。山野で普通に見られ、林縁近くのものは10m以上の高木となる。春の新葉がウサギの耳のようにやわらかい毛でおおわれているのが特徴。夏の間はアオスジアゲハが産卵し、その幼虫が葉を食べる。11月ごろから花をつけるが、同時に前年の花からの実が赤く熟す。赤い実は、ツグミの仲間やヒヨドリがよく利用している。

ナンテン（メギ科）

落葉低木。本州〜九州に分布。伊豆半島など暖地の山地に自生する。5〜6月にかけて花をたくさんつけるが、雨に弱く結実は少ない。雨の当たらない軒下や、木の下に植えるといい。ナンテンにはいつもジョウビタキがやってくるが、実は食べないようだ。ヒヨドリやオナガはよく食べている。シロナンテンは品種改良種で、野鳥は食べない。

アオツヅラフジ（ツヅラフジ科）

落葉つる性。北海道〜沖縄に分布。山野に生え、つる性で長く伸びて木や柵にからまる。秋の終わりごろ、小さなブドウの房のような青黒い実がなる。ヒヨドリやツグミの仲間などが好むが、あまり知られていない。野鳥のための植栽としておすすめ。

センリョウ（センリョウ科）

常緑低木。本州（東海・紀伊半島）〜沖縄に分布。暖地の林の中で見られる。宮崎県では社寺林に生えていた。正月の花材や、庭木として古くから利用されている。その実はヒヨドリやメジロ、ジョウビタキがよく食べる。正月の花材の後、根が出ることがあり、そのまま地植えで栽培できる。黄色い実をつける品種は、野鳥にはあまり利用されない。

ヒサカキ（ツバキ科）

常緑高木。本州〜沖縄に分布。平地の雑木林から山地まで見られる。早春、雑木林の日当たりのいい小道などで、特徴のある花の香りが春を感じさせる。秋の終わりごろ黒く熟した小さな実はジョウビタキやメジロが好む。ヒヨドリも利用し、落ちた実はシロハラやキジバトが食べている。同じツバキ科のハマヒサカキも、同様に野鳥に利用される。

ヤブツバキ（ツバキ科）

常緑高木。本州〜沖縄に分布。海岸近くの林に多く、平地の雑木林から山地まで見られる。春には大量の蜜を含む赤い花が咲く。日本では珍しい“鳥媒花”で、メジロが蜜を吸うときに花粉を運ぶ。その際、花弁には針でつついたような跡（メジロのツメ跡）が残る。種子で小さいものは、ハトの仲間やキジ科の鳥が食べている。

クサイチゴ (バラ科)

落葉低木。本州〜九州に分布。山野に普通に見られ、雑木林の林縁部や明るい林床に群生することもある。早春、白色の目立つ花を咲かせる。赤く熟した実は人間もよく食べるが、採ろうとする前にメジロやヒヨドリに食べられてしまう。日本はイチゴの仲間の宝庫で、果実は初夏〜冬まで利用できる。

ズミ (バラ科)

落葉小高木〜高木。北海道〜九州に分布。明るい山野や開けた野原に見られる。奥日光の戦場ヶ原では、花の時期にたくさんの人が訪れる。10月ごろには小さな赤い実がたくさんなり、ツグミの仲間やアトリなどが群れで利用する。ムクドリや、時にはアオバトがやってくることもある。キレンジャクやアトリの仲間が食べた記録もある。公園に植えられた木は、ヒヨドリがよく利用している。

カラスザンショウ (ミカン科)

落葉高木。本州〜九州に分布。平地の雑木林から山地の、明るい林内や林縁部に多く見られる。アゲハの仲間の幼虫が葉を食べ、花にはたくさんの昆虫が吸蜜にくる。実がなると、終日メジロが小群で利用するようになる。また、ヒタキの仲間が渡りの途中に立ち寄って食べる。初冬のころまで、さまざまな鳥が利用する。

ナナカマド（ナナカマド科）

落葉高木。北海道～九州に分布。山地に見られる。初夏に咲く白い花は、多くの昆虫が利用する。秋の紅葉と赤い実が美しいが、平地ではあまり見られない。北海道では、市街地に植えられた街路樹にも熟した赤い実が見られ、ギンザンマシコ、アトリ、レンジャクなどが群れでやってくる。ヒヨドリ、ムクドリなども食べる。

ヤマザクラ（バラ科）

落葉高木。本州（宮城･新潟県以西）～九州に分布。代表的なサクラはソメイヨシノだが、自家受粉では実がつきにくく、利用する鳥は少ない。各地に自生するヤマザクラは、ヒヨドリやコムクドリ、イカル、ツグミの仲間、オナガ、アオバトなどが利用し、冬鳥のシメやアトリは落下した種子を食べる。実が熟すのは初夏のころで、野鳥の巣立ちの時期とちょうど重なっている。

ノイバラ（バラ科）

落葉低木。北海道～九州に分布。山野に普通に見られ、特に川岸で目につく。初夏に小さな白色の花をたくさんつけ、非常にいい香りを放つ。バラ栽培の接ぎ木の台木となる。秋には小さな赤色の実をたくさんつける。キジバトが食べる姿をよく見るが、ツグミやアトリの仲間も利用する。ノイバラの仲間にはテリハノイバラなど多種あるが、すべての種が野鳥に利用される。

ユズリハ（トウダイグサ科）

常緑高木。本州（福島県以西）～沖縄に分布。暖地の山地に多く見られ、公園や庭先にも植えられる。その葉は古くから正月の飾りに使われる。雌雄異株。降雪地帯に生育するエゾユズリハもある。秋に葉の陰に黒く熟した実をつけ、シロハラなどツグミの仲間、ヒヨドリが小群で食べにくる。オナガやメジロも好んで利用する。

サンショウ（ミカン科）

落葉低木。北海道〜九州に分布。メスの木に実がなる。平地から山地にかけて見られる。枝にトゲがあり、葉はもむと特徴のある香りがする。アゲハの仲間がやってきて産卵することはよく知られており、実には果肉はないが、野鳥が食べる。東京都内のある庭では、キビタキが毎年秋に利用している。キジバトやヤマガラなども食べる。木の芽は料理に利用できるので、庭木として 1 本あると楽しめる。

ハゼノキ（ウルシ科）

落葉高木。本州（関東南部以西）〜沖縄に分布。山野の明るい林から林縁部に多く見られる。紅葉が美しく、社寺林や庭園などに植えられている。ウルシ科の木の実にはたくさんの野鳥がやってくるが、触れるとかぶれることがあるので気をつけること。メジロやツグミ、アトリの仲間、キツツキの仲間などが利用する。

ウメモドキ（モチノキ科）

落葉低木。本州〜九州に分布。湿り気のある環境を好み、小さな赤い実を枝いっぱいにつけた姿はとても美しい。公園や日本庭園などでよく植えられている。ツグミの仲間やジョウビタキ、ヒヨドリなどが食べにくる。雌雄異株で、雄木は実をつけない。

イヌツゲ（モチノキ科）

常緑低木〜高木。北海道〜九州に分布。山地に自生し、生け垣として人家の庭先や公園にもよく植えられている。冬期、イヌツゲの茂みの中からウグイスやアオジの声が聞かれる。その実はキジバトやツグミの仲間が好み、イヌツゲの茂みからメジロの群れが飛び出すのを見たこともある。

クロガネモチ（モチノキ科）

常緑高木。本州（関東地方以西）〜沖縄に分布。西南日本の山野に見られる。雌雄異株なので、庭に植えるときは実をつける雌木を選びたい。秋の渡り途中、１本のクロガネモチの木に 100 羽のマミチャジナイが群れていたことがある。このほかシロハラやツグミ、ヒヨドリ、メジロ、ジョウビタキなどの多くの野鳥が利用する。

ツルウメモドキ（ニシキギ科）

落葉つる性。北海道〜沖縄に分布。平地の雑木林から山地のカラマツ林まで広く見られる。中部地方の標高 1,000m ぐらいの場所で、アカマツにからみついて伸びたツルウメモドキのオレンジ色の実を、キジが食べるのを見たことがある。平地ではヒヨドリやオナガ、メジロ、コゲラが利用している。アケビなどとともに棚作りや壁面緑化に活用できる。クリスマスや正月の花材としても使える。

ソヨゴ（モチノキ科）

常緑小低木〜高木。本州（関東以南）〜九州に分布。山地の明るい林や林縁部によく見られる。小さい花にはニホンミツバチが訪れる。7〜8ミリの赤く熟した実を長い枝の先につける。ヒヨドリやツグミの仲間が好んで利用する。雌雄異株。常緑で実が美しく、庭木としても人気が高い。

モチノキ（モチノキ科）

常緑高木。本州（宮城以西）〜沖縄に分布。西南日本の海岸近くの森に見られる。樹形が美しく、古くから日本庭園に植えられてきた。赤い実が目立つので、昔から“野鳥を呼ぶ木”とされてきたが、やってくるのはヒヨドリとオナガくらい。その樹皮からは、トンボやセミ、鳥を捕らえる“鳥もち”が作られた。

ニシキギ（ニシキギ科）

落葉低木。北海道〜九州に分布。美しいピンクがかった赤（錦）色に紅葉することからこの名がついた。落葉するとオレンジ色の小さな実がたくさんついているのがわかる。古くから茶庭などに植えられ、生垣にも使われた。雑木林などで普通に見られ、コゲラやメジロなど、多くの野鳥が利用する。

ゴンズイ（ミツバウツギ科）

落葉小高木。本州（関東地方以西）〜沖縄に分布。山地の明るい林などに見られる。果実は赤く熟し、割れると光沢のある真っ黒い種子が現れる。真っ赤な実が美しいため、公園などに植えられる。材はあまり用途がなく、食用にならない魚＝ゴンズイの名前が当てられた。ヒヨドリやムクドリが利用する。

ツタ（ブドウ科）

落葉つる性。北海道〜九州に分布。別名ナツヅタ。紅葉が美しく、壁面緑化や古い町並みの石垣にはわせたり、街中でもよく見かける。10月にはブドウの房を小さくしたような黒い実をつける。ヒヨドリがホバリングしながら食べたり、ジョウビタキやメジロも利用する。

ノブドウ（ブドウ科）

落葉つる性。北海道〜沖縄に分布。雑木林や山地の林縁部に多く、つるを伸ばしてからまっている。8月ごろから実が色づきはじめ、10月ごろに熟す。実の色は少しずつ変化して、やがて美しいトルコブルーや赤紫色になる。実には昆虫の幼虫が寄生することが多く、食用にはならない。キジバトやヒヨドリがしばしば利用する。

アキグミ（グミ科）

落葉低木。北海道〜九州に分布。川原や林縁部に見られる。果実は、ほかのグミ科植物と異なり球形をしている。中部地方の河川の中洲ではたくさんのメジロが群れで食べていた。カワラヒワ、ツグミの仲間などが好み、ナツグミ（果期は６月）からアキグミ（果期は 12 月）まで、多数の種類がある。

ヤマボウシ（ミズキ科）

落葉小高木〜高木。本州〜九州に分布。山野に見られ、病害虫に強い。長野県で、コムクドリの大群がこの実を争って食べているのを見たことがある。メジロやヒヨドリ、ムクドリ、オナガなども利用する。近縁のアメリカ産のハナミズキは、湿度の高い環境に弱くウドン粉病になりやすく、樹齢 45 年ともいわれているので、植栽はやめましょう。

ミズキ（ミズキ科）

落葉高木。北海道〜九州に分布。平地の水辺近くの雑木林に見られる。成長が早いため、鳥が運んだ種が大木に成長しているケースもある。初夏に実をつけ、巣立ち後のヒヨドリやムクドリの若鳥には格好のえさとなる。夏鳥のヒタキ類やアカハラなどのツグミの仲間、メジロやコゲラが利用する。クマノミズキは暖地に多く、ミズキ同様に利用される。

タラノキ（ウコギ科）

落葉低木。日本各地に分布。原野に真っ先に生えてくる木。林縁部に多く見られる。“山菜の女王”として人気があるため、その芽をすべて取られてしまい、枯れてしまうものもある。８月には白い小さな花を咲かせ、昆虫が集まる。秋に黒い実が熟すと、渡り鳥のノビタキやキビタキなどがしばらく滞在する。市街地ではヒヨドリやムクドリが好む。

ヤツデ（ウコギ科）

常緑低木。本州（関東南部以西）～沖縄に分布。野生では暖地に見られるが、北海道南部でも庭に植えられている。花が咲くのは初冬で、越冬するハエやハナアブ、タテハチョウの仲間などがやってくる。果実は春に黒く熟し、ヒヨドリやレンジャクの群れが食べている。またオナガも時々、利用する。

ウド（ウコギ科）

草本。北海道～九州に分布。タラノキの仲間で 1.5 メートル以上に生長する多年草。花が咲くとハチの仲間やチョウがたくさんやってくる。若い茎や新葉は山菜として食用になり、栽培されてもいる。秋に黒く熟す小さな実は、渡り途中のヒタキ類やムクドリ、メジロ、ヒヨドリなどが利用する。

カクレミノ（ウコギ科）

常緑高木。本州（千葉南西以西）～沖縄に分布。暖地の海岸近くの森に見られ、ニホンザルがこの木の茂みに入ると、まったく姿が見えなくなることからこの名がついたといわれる。葉が密生するので庭木として利用される。黒い実をつけ、メジロやヒヨドリ、ツグミ、ムクドリなどが食べにくる。

キヅタ（ウコギ科）

常緑つる性。北海道～沖縄に分布。常緑で冬も葉が目立つので、別名はフユヅタ。実が熟すのは同じウコギ科のヤツデ同じで５月ごろ。ほかに実をつける植物がない時期なので、ヒヨドリや平地に降りてきたレンジャク類のえさとなる。つるが木の幹を垂直にはい登るので、壁面緑化に向いている。

マンリョウ（ヤブコウジ科）

常緑小低木。本州（関東以西）～沖縄に分布。房総半島など暖地の林内に自生する。庭先には野鳥のフンに混ざって運ばれる。鉢植えや庭園でも広く栽培され、斑《ふ》入りや白い実をつける品種もあるが、赤い実でないと野鳥は利用しない。ツグミの仲間やヒヨドリなどが好んで食べる。マンリョウの仲間のヤブコウジも同様に野鳥に利用される。

エゴノキ（エゴノキ科）

落葉低木。北海道～沖縄に分布。雑木林に普通に見られる。根元から細い幹が何本も出る“株立ち状”になる。初夏に白い美しい花を咲かせ、「ジャパニーズベルツリー」という名で海外でも好まれる。コーヒー豆のような種子は、キジバトは丸飲み、ヤマガラは足で押さえてくちばしで割って食べる。

イボタノキ（モクセイ科）

落葉低木。北海道～九州に分布。山地に生え、林縁部によく見られる。市街地では人家や公園の生け垣として活用される。ヒヨドリの群れが食べたり、ツグミの仲間やレンジャクなどが利用した記録がある。白い花には小形のハチがよくやってくる。幹につくカイガラムシが、和ロウソクの原料にもなる。

クサギ（クマツヅラ科）

落葉小高木。北海道～沖縄に分布。明るい林や林縁部に見られる。漢字で書くと「臭木」。葉は山菜として利用される。夏に咲く白い花の香りに誘われ、アゲハの仲間がたくさんやってくる。果実はよく目立つため、渡り途中のコサメビタキなどのヒタキ類や、ヒヨドリなど多くの鳥がやってくる。

コムラサキ（クマツヅラ科）

落葉低木。本州〜沖縄に分布。一般的にはコムラサキシキブと呼ばれる。山地の湿った場所に自生する。実は夏ごろから色づきはじめ、広く庭木として植えられる。実は野鳥が好んでよく利用する。メジロとジョウビタキは毎日この実を食べにくる。体が大きいヒヨドリは、ホバリングしながら食べる姿が見られる。同じクマツヅラ科のオオムラサキシキブは、暖地に生育する。

ガマズミ（スイカズラ科）

落葉低木。北海道〜九州に分布。山地から平地にかけての雑木林に多い。紅葉と赤い実が美しいことから、古くから日本庭園で使われ、その実で果実酒を作る地方もある。メジロ、ジョウビタキ、ヒヨドリは群れでやってくることがある。

クコ（ナス科）

落葉低木。日本各地に分布。川辺や田んぼの斜面など、明るい林縁部などに多い。人の背の高さ以上にはならない。新葉は山菜として活用され、赤い実は漢方薬に使われる。モズが庭先で実を食べるのを確認したことがあるし、ヒヨドリ、メジロなども好むようだ。トゲがあるので垣根などに向くが、密植するとウドンコ病にかかりやすいので要注意。

ウグイスカグラ（スイカズラ科）

落葉低木。北海道〜四国に分布。山野に普通に見られる。早春、雑木林でピンク色のかわいらしい花に会うと「ほっ」とする。実の数は花の数より少ないが、甘くて美味。メジロやヒヨドリ、アカネズミ、ヤマネが好む。山育ちの子どもは“山グミ”と呼んでよく食べたそうだ。

クロミノウグイスカグラ（スイカヅラ科）

落葉低木。北海道～本州（中部地方以北）に分布。別名ハスカップ。ジャムやお菓子で有名だが、赤い実をつけるウグイスカグラの仲間。茨城県では公立公園の緑化に使われており、ヒヨドリやメジロがたくさん来て利用していた。ブルーベリーなどの外来のベリー類より、ぜひ日本の自生種を使用したい。

スイカズラ（スイカヅラ科）

半落葉つる性。北海道～九州に分布。山野の道の斜面や林縁に見られる。標高の高い場所や北関東より北では落葉する。5～6月に咲く花は、白色～黄色でいい香りがする。秋に2個ずつセットになった黒い実をつける。ヒヨドリ、ジョウビタキなどが食べる。壁面緑化や垣根に活用できる。

イチイ（イチイ科）

常緑高木。北海道～九州に分布。山地から亜高山帯にかけての深山に生える。雌雄異株。実の外周の赤い部分は、甘くて人も食べられる。種子は有毒といわれるが、鳥によっては好んで食べる。ベニマシコやアトリの仲間、ヤマガラなどが利用する。

ニワトコ（スイカヅラ科）

落葉低木。北海道～九州に分布。雑木林や山地の林縁、休耕田の周囲などに多く見られ、庭木として植えられることもある。実は8月ごろに赤く熟し、ムクドリやメジロなどの巣立ちビナの群れが利用する。ムシクイの仲間やツグミなど、いろいろな野鳥が食べる。若芽は山菜になるが、毒がある場合もあるので注意すること。

鳥と植物の関係表

この表は、著者の観察記録に基づくデータから作成したもので、まだ作成途中です。

これから、皆さんの観察によって完成させてください。科、属で挙げた植物の中には、野鳥が利用しない種類も含まれます。

北：北海道、本：本州、四：四国、九：九州。● よく食べる　○ 食べる

植物	イチイ	クロマツ	センリョウ	ヤマモモ	ムクノキ	エノキ	ヤマグワ	イチジク	アケビ科	ナンテン	クスノキ	タブノキ	スグリ属
植生	北・本・四・九	本・四・九	暖地	暖地	本・四・九	本・四・九	北・本・四・九	暖地	各地	暖地	関東以西	本・四・九	北・本・四・九
鳥の種類													
スズメ		●						○					
シジュウカラ		○											
メジロ	●		○	○	○	○	○	●	●			○	○
ウグイス	○												
ジョウビタキ			●										
ヒヨドリ			●	●	●	○	●	●	●	●	●	●	●
ムクドリ	○		○	●	●	●	●	●	○	○	●	●	○
キジバト		○			○	○							
カワラヒワ		○											
ツグミ	●		●		●	○	○		○	○	○		
コゲラ													
コジュケイ		○				○							
ヒレンジャク	○		○							○			
オナガ	○		○	○	●	●	●	●	●	●	●	●	●
夏鳥・ヒタキ類	○					○	○						

	ヤブコウジ	アオキ	カラスザンショウ	ヤマボウシ	ミズキ	ヤツデ	キヅタ（フユヅタ）	タラノキ	グミ属	イイギリ	ヒサカキ	ヤブツバキ（種子・蜜）	ツタ（ナツヅタ）	ヤマブドウ	カエデ属	キイチゴ属	ノイバラ
	北・本・四・九	東北南部以西	本・四・九	本・四・九	北・本・四・九	庭木	北・本・四・九	北・本・四・九	各地	本・四・九	本・四・九	本・四・九	北・本・四・九	北・本・四	北・本・四・九	各地	各地
								○						○	○		
													○		●		
			●	○				●	●		●	●		○		○	
	○						○	○			○		○	○			
	○	●	●	●	●	●	●	○	●	●	●	●	○	●		●	○
	○		○	○	○	○	○	○	○	○	○		○	○		○	○
	○						○	○				○	○		○		○
											○				○		
	○	○	○	○	○	○	○	○	●	●	●		●	●		○	●
	○										○	○	○	○	○		
	○					●	○		○		○		○	○		○	○
	○	○	●	○	○	○	○	○	●	○	○		○	○		●	○
			●	○	○			●					○	○			

鳥と植物の関係表

北：北海道、本：本州、四：四国、九：九州。● よく食べる　○ 食べる

植物	サクラ属	ユスラウメ	ウワミズザクラ	ズミ	カナメモチ	ナナカマド属	キハダ	サンショウ	ウメモドキ	イヌツゲ	ソヨゴ	クロガネモチ	モチノキ
植生	各地	庭木	北・本・四・九	北・本・四・九	暖地	北・本・四・九	北・本・四・九	北・本・四・九	本・四・九	北・本・四・九	暖地	暖地	東北南部以西
鳥の種類													
スズメ	○												
シジュウカラ	○												
メジロ	○	○	○						○				
ウグイス													
ジョウビタキ					○		○	○	●		○	○	
ヒヨドリ	○	●	●	○	●	●	●		●	●	●	●	●
ムクドリ	●	○	●	○	○	●	○		○	●	○	●	●
キジバト	○		○	○				●		●			
カワラヒワ							○						
ツグミ				●	●	●	●		●	●	○	●	●
コゲラ							○						
コジュケイ	○		○					○					
ヒレンジャク				●		○			○	○	●	○	
オナガ	●	●	●	○	○	○	●	○	●	●	○	●	●
夏鳥・ヒタキ類			○				○	●					

ニシキギ	ツルウメモドキ	カキ	イボタノキ	ネズミモチ	ムラサキシキブ属	クサギ	クコ	ウグイスカグラ	ガマズミ	タンポポ属	カラスウリ	ヘクソカズラ	ヒヨドリジョウゴ	ヤブラン	オオバジャノヒゲ	
北・本・四・九	北・本・四・九	本・四・九	北・本・四・九	暖地	各地	北・本・四・九	北・本・四・九	北・本・四・九	北・本・四・九							
		●			○					○						
○		○														
○	○	●			○	○	○	○								
		●						○								
●	○				●		●		○			○		○	○	
○	●	●	○	●	●	○	○	○	●		○	○	○	○	○	
○	●	●	○	○	○	○	○	○	●		○	○	○	○	○	
○					○					○				○	○	
○	○				○					●						
●	●	○	●	○	○	○	○	○	●		○	○	○	○	○	
		○														
					○					○				○	○	
	○	●	●	○	○				○					●	○	
○	●	●	○	○	○	○	○	○	●		○	○	○	●	○	
					○	●						○		●		

鳥の来るお庭拝見!

この本では、野鳥を中心としたさまざまな生き物が、一年を通して暮らしたり、
やって来たりする庭を“バードガーデン”と呼ぶことにします。
ここで紹介する庭やベランダには、いろいろな樹木や草花が茂り、
鳥にとって使いやすい水場と餌が用意されています。
管理されている方々の経験を生かし、工夫を凝らした、
これらのすばらしいバードガーデンで、皆さん全員、
生き物の様子を暖かく見守り、何が起こるのか楽しみに暮らしています。
バードガーデンをもつことで、自然界のいろいろなドラマや、
四季折々の変化を身近に感じることができ、きっと毎日の暮らしが楽しくなるはず。
自然あふれる心豊かな庭——それがバードガーデンなのです。

川を流れる水深が違うため、いろいろな生き物が利用しやすい環境となっている

01　Mさん（東京都文京区）

深さの違う小川が流れる日本庭園は野鳥の話題に事欠かない。

25年ほど前に家を建て替えたとき、わたしがお手伝いをして流れのある小川と池を中心につくった、野鳥のための庭です。水をモーターでくみ上げて循環させているのがポイントです。野鳥たちは水の深さに合わせて水浴びをし、浅いところには水性植物が植えられています。池には、春先にはヒキガエルやアカガエルが産卵し、夏にはクロスジギンヤンマが羽化します。メダカをねらってコサギがやって来たり、ノジコやシロハラが越冬したこともあります。シジュウカラが巣箱で、ヒヨドリは目の前の庭木で巣立ったこともあります。一年を通して、話題に事欠かない庭となっています。

02　Sさん（東京都目黒区）

戦前から生き物を招待する庭。鳥の置き土産のヤマザクラがシンボル。

野鳥歴60年以上の庭は、うっそうとしていてまるで雑木林のようだ

野鳥歴60年以上、庭に生き物を招待する大先輩。庭の大部分は、野鳥たちのフンから出た樹木に覆われています。縁側に立つと土の香りが心地よく、まるで雑木林の中に入っているような気がします。木の下には季節ごとに花が咲き、小さな昆虫がひっきりなしに訪れます。また、2階の軒下はスズメの常宿と化し、フンで真っ白になっています。

4月、美しい花を咲かせる軒を越すほど大きなヤマザクラは、ムクドリかオナガの置き土産で、Sさんのいちばんの自慢だと言います。

03　著者実家（東京都板橋区）

住宅地のマンションに囲まれた庭。常連はジョウビタキ！

住宅地の中にあっても、野鳥を招待する工夫をすれば、年間を通して多くの鳥が訪れてくれるはず

私鉄の駅から徒歩5分の場所にある住宅地で、マンションと一般住宅が半々の地域。20坪足らずの庭先で45年ほど前から野鳥を中心に、さまざまな生き物を招待しています。キジバトが庭木に巣をつくり、手作りの巣箱ではシジュウカラが何回も子育てをしています。珍しい例としては、同じ巣箱で1シーズンに3回も巣立ちを確認した年があります。

両親が果樹が好きで、カキやミカンなどの間にムラサキシキブなど野鳥の好む木を植栽し、水場も4か所設けてあり、ジョウビタキが常連です。渡り途中のサンコウチョウやムシクイの仲間に加えて、エナガなど24種類を記録しています。

04　Nさん（東京都渋谷区）

マンションのベランダにも、環境を整えればたくさんの野鳥がやって来る。

近くに公園など緑があれば、ベランダのような狭い空間にも野鳥はやって来てくれる

国道246号からすぐ入った渋谷駅近くの、事務所ビルやマンションに囲まれた地域にあるベランダです。住宅地にしては周辺に大きな木があったり、庭のある家も多く、環境はいいほうです。メジロやツグミの声が聞かれ、見られる野鳥の種類も多いようです。

プランターの中に生き残っている植物は、ベランダという環境に耐えたたくましいものだけですが、鳥のフンや風に飛ばされてきた種子からは意外な植物が生えてきて、それなりの環境を作っています。水槽にはヨシやイネが生え、入れたメダカをえさとして、トンボが発生しています。

05　Uさん（東京都文京区）

落葉樹と常緑樹がバランスよく配置され鳥や虫を誘う庭。

庭にほどよい空間があると、鳥だけでなく昆虫などもやって来るようになる

道路わきの陽当たりのいい庭です。大きな木は少ないのですが、多くの雑木を中心に常緑樹を交えたバランスがたいへんいいです。また、近くに日本庭園を元にした都立公園があるためか、メジロやシジュウカラなどの声がいつも聞こえてきます。水場の配置とほどよい空間が、夏場を中心にトンボやアゲハの仲間を中心に、さまざまな昆虫を誘います。

草本も多種類がそろっていて、ハクセキレイが上空を鳴きながら飛んだり、庭先にはコゲラが姿を現すなど、四季を通して生き物の姿を楽しむことができます。

イギリス・ロンドン動物園にあるワイルドライフガーデンの見本

06　ワイルドライフガーデン（イギリス）

バードガーデン発祥の地イギリスには、鳥を招待する庭がたくさん！

イギリスでは、どこの街に行っても裏庭で野鳥を招待している家を見かける

イギリス・ロンドン（写真上）と湖水地方の庭（写真下）。ロンドン動物園に行くと、囲いがあり庭と見本として作られたものですが、展示説明には、ワイルドライフガーデン（野生の生命あふれる庭）とあり、動物園だけでなく石積をしたり実のなる木を植栽するなど工夫をすると、野鳥を中心にさまざまな生き物がやってきますと。

古くからの住宅の裏庭を、バックヤードサンクチュアリとして野鳥やリスなど小動物のための庭づくりがさかんなイギリスでは、街のあちらこちらの庭先に、たくさんの野鳥が訪れていて、朝は美しい彼らの声で目覚めます。

07　積水ハウス（茨城県古河市）

住宅展示場の一角に、地域に自生する樹木を植えてビオガーデンに！

池の周辺にはところ狭しと地域の自生種が枝葉を伸ばす

近くに大きな工場があり、利根川や周辺の田んぼも続く平野にある住宅展示場の一角につくられたビオガーデン。大きなケヤキの木をそのまま残し、水中ポンプを利用して浅い池を中心に地域に自生する樹木を植栽しています。

モツゴやタナゴ、そしてメダカを近くの水系から入れたことにより、２年目にはクロスジギンヤンマが羽化、タイコウチやミズカマキリも発生しました。コサギやカワセミも確認でき、渡り途中の冬鳥、マヒワなども群れをつくってやってくるほどです。実験的に実施され、緑化研修の場としても利用されました。

08　八重洲ダイビル（東京都中央区）

都心にそびえるビルの屋上に広がる野鳥たちの憩いの場。

このビルの屋上に野鳥がやって来ているとは、地上の歩道からでは考えもしないでしょう。昭和 30 年代後半に、（財）日本野鳥の会を創設した中西梧堂氏の手によって野鳥を呼ぶ緑化がなされました。野鳥が好きな実のなる樹木であるマユミなどは根元も太くとても立派な木に成長していますし、野鳥の糞からの芽生えと思われるヌルデやアカメガシワなどもたくさん見られます。雨水がたまる浅い池には、カワラヒワやメジロが水浴びに利用していて、また夏や秋にはトンボもやって来ます。

東京都心部のオフィスビル群の中にそびえ立つビルの屋上には、実のなる木が生え水場もあり、野鳥たちの憩いの場となっている

09　積水ハウス（大阪府北区）

大阪駅近くの新梅田シティ。新・里山には四季折々、多様な生き物がやって来る。

水環境。ギンヤンマが羽化し、ツチガエルが産卵にやって来る

春は花でいっぱいに、秋には紅葉が美しい。四季折々の自然を楽しめる

積水ハウスの「5本の樹」計画に基づく8,000平方メートルの生き物のための緑の環境。2006年7月に再生緑地として造成し、里山を手本に野鳥や昆虫が共生し、田畑や雑木林の管理は地元の子どもたちやオフィスワーカーのボランティア活動も行われています。

「5本の樹」の自生種、在来種を中心に樹木を植栽し、3本は野鳥のため、2本はチョウのための木（もちろん10本でも50本以上でも）の見本園としての機能もあります。社内研修の大切な場でもありますが、近くにお住まいの方や、わざわざ遠方よりやって来る方も増えているようです。

都心には珍しくモズが毎年繁殖し、サンコウチョウやキビタキが渡りの途中に滞在します。また、秋にはハイタカも確認されたことがあります。

シイタケの朽ちたほだ木には、クワガタやカブトムシが発生する。冬には、ジョウビタキがヒサカキの実を食べに来る

遊歩道が整備されており、ゆっくりと散策することもできる。秋にはドングリを拾いに子どもたちがやって来る

鳥たちへの心配り

緑の少ない住宅地でも、秋の渡りのときには毎年のように
キビタキやセンダイムシクイなどが訪れる庭があります。
もちろん、冬季は野鳥がいっぱい。
春から夏にかけてはキジバトが巣を作り、
シジュウカラやヒヨドリが巣立ちビナを連れてやってきます。
そんな庭のある家には、鳥が立ち寄るうえで
大切なポイントがいくつかあります。

ポイント1 家の壁面を緑化しよう！

住宅には白が多く使われます。しかし鳥は、どうやら白壁のような明るく光を反射するような壁面が嫌いらしく、移動の途中で立ち寄ることもあまりないようです。同じようにえさ台や水場なども、あまり派手な色合いは避けたほうがいいでしょう。

壁面を緑化したい人は、実がなる木の中でも比較的栽培しやすい、つる植物のムベやアケビ、サネカズラ、ツルウメモドキ、ナツヅタ、フユヅタなどを植えてみてはいかがでしょう。

ポイント2 ふるさとの木を植えよう！

公園や街路に植えられる樹木の多くは外国産ですが、どうやら、剪定《せんてい》が簡単にできる木や病害虫に強い木など、人間にとって都合のいい樹種が選ばれているようなのです。

しかし、野鳥を招待するために木を植えるときは、ぜひ日本の在来種、とくにその地域に昔から生えている一般的な木を植えてほしいのです。そのような木なら、もともとその地域にすんでいた昆虫が戻ってきて、生活の場として利用することができますし、野鳥にとっても木の実やそれらの昆虫が餌となって、生き物の自然のつながり（生態系）を回復させることができるからです。どんな木を植えたらいいかは、古くから地元に住んでいる方に聞いたり、斜面林や社寺林に生えている木を参考にして選ぶといいでしょう。

ポイント3 ネコ対策

ネコを庭に寄せつけないようにするには、コーヒーの出がらしをまくなど、さまざまな方法がありますが、いちばん有効なのは、庭を網で囲ってネコが入れないようにすることです。水場やえさ台はできるだけ高い位置につり下げるようにし、地面に落ちた餌はすぐに掃除しましょう。キジバトなど、地面で餌を拾う野鳥が最もネコにねらわれやすいのです。

ポイント4 ドバト対策

集合住宅のベランダでは、ドバト対策も重要な問題といえるでしょう。まず餌は、ドバトの好む穀類やパンくずは避け、果物やヒマワリの種などを中心にします。餌入れは吊り下げ式のものを使用します。また、ドバトがベランダの手すりに止まることができないように、テグスや針金などを張ることも有効です。

方法 1　ベランダの上から糸を下げる

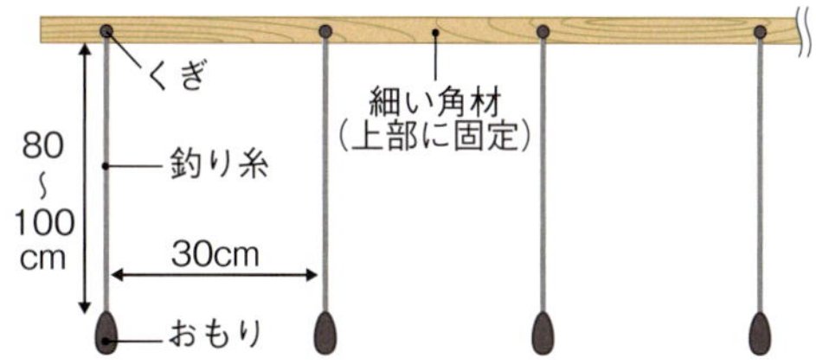

方法 2　手すりのさんの上に釣り糸を張る

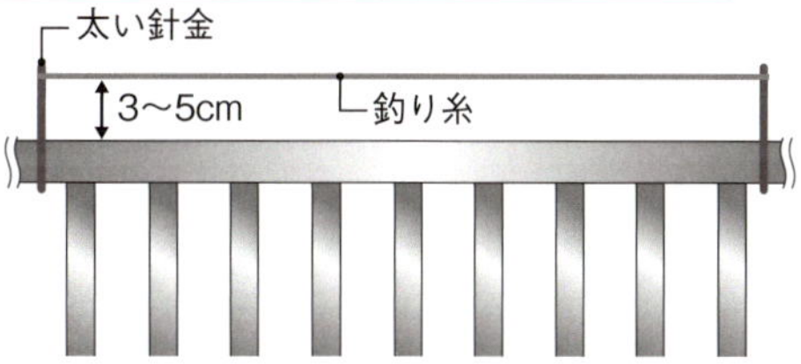

ポイント5 カラス対策

一般の住宅では、えさ台の果物や牛の脂身をカラスに持って行かれることがあります。えさ入れを金網で覆ったり、軒下になどにしっかりとくくりつけるといいでしょう。

身近で見つかる 芽生え図鑑

ここで紹介する木の子ども（実生）は、東京の２つの庭先で見つけたものです。大部分が鳥のフンによって運ばれてきました。4 が月ほど経つと 30 ～ 40 センチにもなり、このような苗を育てて緑の環境を作ることもできます。野鳥たちは、自身で植林をしているのですね。

スズメ

シジュウカラ

メジロ

身近な野鳥６種の招き方

キジバト

ジョウビタキ

ヒヨドリ

庭によく来る野鳥の中から６種類を選んで、
仲良くする方法――招き方を詳しく説明します。
皆さんの庭のいちばんのお客さまと
なるのがこの６種です。
庭に来る鳥の顔ぶれは地方によって少しずつ異なり、
それによって招き方も違ってきますが、
まずはここで紹介する方法を試してみてください。

身近な鳥の代表 スズメ

全国各地の人家近くで普通に見られる鳥です。雑食性で草の実や昆虫、クモなどをえさにします。４～７月の子育ての時期以外は、数十羽からそれ以上の群れを作って生活します。

まずは基本から

バードウォッチングの基本は、まずスズメをじっくり観察することです。ほかの野鳥を庭に呼ぶときも同じですから、スズメばかりではつまらない、などと思ってはいけません。スズメが来るようになると、ほかの鳥たちも安心して訪れるようになりますから、まずはスズメが来るような庭づくりを工夫すること。それがほかの鳥を呼ぶことにつながるのです。

巣材の羽を運ぶ

巣箱をかける

ひと昔前は、春先になると屋根の辺りから「チリチリ・・・」というスズメのヒナの声がしたものです。しかし、最近の建物はすき間がなく、かつての家のように瓦《かわら》の下に彼らが巣を作ることはできません。巣を作る場所をぜひスズメに提供してあげましょう。巣箱を作るなら、シジュウカラ用巣箱の入り口の穴の直径を30ミリにするだけで使ってくれますし、大きめの竹筒を軒下に横向きに取りつけるだけでも利用します。このような人工巣箱は、冬期、寒さを防ぐためのねぐらとしても利用されます。

スズメはイネ科植物の枯れ草を巣材として使い、巣内に丸く敷き詰めます。毎年、巣材を運び込むので、秋には巣箱の中を掃除してあげましょう。

スズメ用のえさ台は少し大きめで、えさはパンくずやヒエ、アワなどが最適。10～20羽の群れでやってくることもある

砂浴び場を用意する

スズメの仲間やキジの仲間など一部の野鳥は、羽毛の手入れのために“砂浴び”をします。ベランダに置いたプランターの乾いた土の上に、すり鉢状の小さな穴が開いているのに気がついたことがある人もいるかもしれませんが、これがスズメが砂浴びをした跡です。スズメは乾いた砂や土を好むので、これらを浅い容器に入れて、軒下などに出しておくといいでしょう。

スズメ用の野草園

自宅の庭に、シソ科やイネ科などのハーブや、野草が生えていることがあると思いますが、小さな種子は、スズメをはじめカワラヒワやアオジなどのえさになります。また、エノコログサ（いわゆるネコジャラシ）やイヌビエなどもスズメの大好物。さらに、こういった植物はバッタやコオロギのすみかとなり、それらの昆虫が鳥たちのえさになる——と、いいことづくめ。庭はもちろんプランターでも簡単に栽培できますから、鳥たちのための野草園、ぜひ試してみてください。

砂浴びするスズメ

むしが大好き シジュウカラ

全国各地で普通に見られ、とくに緑の多い平地から山地にかけて多く生息する小鳥。いつも大好物のガの幼虫やクモなどを探しています。

巣箱をかける

もともとシジュウカラは樹洞に営巣するのですが、市街地には天然の樹洞はなかなかありません。そこで活躍するのが人工の巣箱です（p.74-75 参照）。巣箱が気に入ってもらえたら、４～７月にかけての子育てに忙しい時期、時折、枝先に止まってぼーっとしているかわいい姿が見られるかもしれませんよ。

ヒナにえさを運ぶシジュウカラ♂

左：巣箱の中はコケでいっぱいだ

右：庭で栽培しているクラマゴケは、巣材として利用してもらうために植えたもの

巣材を用意する

シジュウカラは巣材として大量のコケを使いますが、乾燥した市街地にはほとんどコケは生えていません。そこで、庭やプランターにコケを植えてみましょう。クラマゴケやスギゴケの仲間などを、水を切らさないように育てれば自宅でも増やすことができます。また、園芸店で売られているミズゴケをハサミで3センチぐらいの長さに切ってざるなどに入れておくと、シジュウカラがすぐに利用できます。産座の材料には、極太の毛糸が適しています。毛糸を2センチほどの長さに切り、ミカンやシイタケなどの入っていたネットにぎゅうぎゅうに詰めて庭に吊します。

シジュウカラの巣材となる毛糸とシイタケの網袋

ナッツも大好物

シジュウカラは、虫のほかに、油をたっぷり含んだ種子も大好きです。ヒマワリやクルミ、ピーナッツなどの種子を、塩分を取ってからネットなどに入れて用意してください。虫の少ない冬には、毎日、食べにきてくれるでしょう。

シジュウカラは砕いたピーナッツが大好き

花がお似合い
メジロ

全国各地の平地から山地にかけて普通に見られ、とくに常緑樹のある暖地の海岸近くに多くすんでいます。近年、市街地の住宅地でも数が増え、庭先にもよくやってくるようになりました。

蜜を出す花と木を植える

最近、公園の植栽や街路樹としてサザンカやカンツバキがよく植えられているようです。冬の市街地でメジロが増えているというのには、このことも関係があるのかもしれません。樹種を選ぶときには、サクラならヤマザクラ、ツバキならヤブツバキというように、地域に自生している木を植えましょう。改良品種の八重咲きなどは蜜の量が少なく、メジロを呼ぶには適していません。

ヤブツバキの蜜を吸うメジロ

木の葉の裏でクモや小昆虫を探すメジロ

牛の脂身をついばむメジロ

隠れられる場所を作る

小さなメジロは、いつもカラスやヒヨドリなどの大形の野鳥を警戒しています。メジロが安心してえさを食べたり水浴びができるように、小鳥たちの隠れ場所となるマツの仲間のような常緑針葉樹を植えると、安心して庭にもやってきてくれます。

巣材を用意する

メジロの巣の材料は、シュロの皮の繊維、イヌやネコの毛、クモの糸などです。シュロの皮は、近所にあるシュロの幹の皮をはぐか（必ず持ち主に許可を得ましょう）、ペットショップなどで小鳥の巣材用に売っているものを買いましょう。イヌやネコの毛は、ブラシをかけたときに抜けたものをシイタケのネットに入れます。また、殺虫剤をまいたりせず、自然のままの庭づくりを心がければ、すぐに数種のクモが巣を張り、メジロがその糸を利用するようになります。

街路樹に作られたメジロの古巣

地面をのしのし
キジバト

全国各地の平地から山地まで普通に見られます。街路樹や庭先でごく普通に繁殖し、庭先のえさ台にもよくやってきます。主なえさは草や木の種子で、えさ台ではパンなどを好みます。

頑強なえさ台

体が大きいキジバトは、安定した場所でないと止まれないため、釣り下げ式のえさ台は使えません。しっかりとした支柱に大きめの木を打ちつけたえさ台を用意しましょう。

支柱がしっかりとした市販のえさ台

年中子育て

キジバトは、ほかの鳥と違って一年を通して子育てをします。巣内のヒナが大きくなるにつれて、外敵にねらわれないよう親鳥が巣に出入りする回数が減り、えさやりは日に数回となります。あまり親を見かけなくなったからといって、ヒナが見捨てられたわけではないので、そのままにしておいても大丈夫です。

ブドウ棚の植えに作られたキジバトのヒナと巣。
上からは見えないところに作る

巣材を拾うキジバトの親鳥

巣を作る場所を用意する

キジバトは、カラスに卵やヒナを食べられてしまうことが多いため、安心して巣作りができる場所を用意しましょう。外敵が巣を見つけにくいように常緑の木を植えるといいでしょう。

常緑樹を剪定《せんてい》する

巣作りしやすそうな地面に平行な枝の回りを少し剪定（せんてい）すると、巣作りに利用してくれるようになります

ネコに注意！

キジバトはよく地上でえさを拾います。水浴びや日光浴も好きで、太陽の光を受けるため、地面で長時間、翼を広げていたりします。ネコに捕まる野鳥でいちばん多いのは、おそらくキジバトでしょう。そのため徹底的なネコ対策をする必要があります（p.50-51）。

庭のアイドル ジョウビタキ

冬鳥として日本各地の平地から山地にかけて見られます。市街地の庭先などにもすみ、木の実や小さな昆虫を好んで食べます。

実のなる木を植える

10月中旬ごろ、日本に渡ってきてすぐに、ジョウビタキの雄と雌は単独でなわばりをつくります。彼らがひと冬を過ごす条件としてとても大切なのは、ムラサキシブやヒサカキなど、小さな実をたくさんつける木があることのようです。昆虫などの小動物が多くすめる開けた草原や畑が近くにあることも重要ですが、渡ってきたばかりの彼らにとってまず大事なのは、えさがたくさんある場所を確保することなのです。

庭先の石に止まるジョウビタキ
（後ろはナンテンの実）

お気に入りの園芸用の支柱に止まる

ジョウビタキのえさはコガネムシの幼虫やミミズ

止まり木を立てる

ジョウビタキは、えさとなる小昆虫やクモ、ミミズを捕らえるとき、必ず支柱などに止まってねらいをつけてから地面に降り、えさをついばみます。彼らのために、庭先の芝生や近所の草原などに、適当な間隔で高さ1メートルくらいの支柱を立てるか、低木があるといいでしょう。

隠れ場所を作る

羽の色が美しく、よく目立つジョウビタキは、捕食者からもねらわれやすいため、近くに常緑樹など身を隠す場所があると、安心してやってきてくれます。とくに枝の込み入った木やマツを好むようで、食後や水浴びのあとに木の中に入り込み、じっと休んでいます。

虫を捕らえにきたジョウビタキ

一見ギャング ヒヨドリ

全国各地の平地から山地まで普通に見られます。雑食性で、セミや大形のガの幼虫、木の実など何でも食べます。庭先でも繁殖し、「ヒーヨ、ヒーヨ」という声がどこでも聞かれます。

木の実が好物

ヒヨドリは、ウメモドキやガマズミなど、赤い色の実を好みます。特にカキは好物で、色づいたと思ったころにはすでに彼らのくちばしの跡がついています。春先になるとアオキやオモトの実まで口にするようになり、大きすぎるのか何度も落としながら最後には飲み込みます。ヒヨドリがいつも止まる木の下には、ふんがたくさん落ちています。ふんの中には、彼らが食べた植物の種子が、消化されずに残されていて、これを拾ってまくとたくさんの実生が手に入ります。

くちばしの跡がついたアオキの実

イヌツゲの種子が入っている
ヒヨドリのふん

かごをかぶせるとヒヨドリは入れないけれど・・・

メジロは大丈夫！

ヒヨドリは意地悪？！

庭先やベランダに野鳥を呼ぶと、春先ごろには決まってヒヨドリが1～2羽居着き、ほかの鳥を追い払うようになります。メジロやスズメ、シジュウカラなどの小鳥はしつこく追い払われ、えさ台に近づけないほどです。これを防ぐために小鳥専用のえさ台を作ってみましょう。えさ台の上に自転車の荷かごや洗濯物かごなどをかぶせれば、ヒヨドリは入れず、小鳥はすき間から中に入ってえさをとることができます。ヒヨドリには、彼ら専用のえさ台を別に作ってください。

巣作りを知る

ヒヨドリは、庭先の人の背丈くらいの高さにも巣を作ります。常緑樹を好みますが、中が丸見えの枯れ木に巣を作った例もあります。ヒナは卵からかえって10日で巣立ちます。しかしまだ飛ぶことはできず、地面に降りてしまいます。市街地では、従来、子育てをしていた山地と違ってやぶがなく地面が草木で覆われていないため、人間に見つけられて拾われるケースが多々あります。ヒナを見つけても拾わず、そのまま置いておくか少し高い枝に止めてやれば、親がえさを運んでやり、ヒナも4～5日で飛べるようになります。

雛を拾わないで！

まずは都道府県の鳥獣保護の担当者へ連絡し、その指示を受けてください。ツバメはインスタントラーメンの容器を少しでも高い位置にガムテープで固定し、その中にヒナを入れると親鳥がえさをやってくれます。カラスはうっかりと触ってしまうと、親鳥が攻撃してくるので、近寄らないほうがいいでしょう。

巣立ったばかりのヒヨドリのヒナ。
まだ飛ぶことはできない

身近で見つかる 羽図鑑

庭先や公園、あるいはちょっとした散歩道に落ちている１枚の羽。今まで見過ごしていた羽も、よく見ると美しく、その鳥独特の色や模様があります。もしも羽を拾ったら、ノートなどに貼り付け、拾った場所や日時などのデータを記入して保存しておけば、とてもよい記録になります。野鳥の羽根が生え替わる衣替えのシーズンは夏から秋にかけてなので、この時期が羽を拾いやすいでしょう。

えさ台を設ける意味
鳥の種類別えさ台レシピ

えさ台を作ろう！

バードバスを作ろう！

バードガーデニング実践編

土を作る・緑を作る

巣箱を作る

バードリースを作る

えさ台（バードフィーダー）の基本は、
長さ 1.5 メートルくらいの支柱に
小型の漬け物のたるや菓子折などを
釘で打ちつけて固定したものです。
雪の多い地方では上に屋根をつけますが、
屋根つきのえさ台は作るのが面倒なので、
ここではもっと簡単な作り方を紹介します。
身近にある材料、または手持ちの材料を
リサイクルしてもえさ台は作れます。

えさ台を設ける意味

欧米の家庭では、一年を通してえさ台にえさを用意し、
野鳥を招待するのがごく普通のことのようです。
しかし、自然のつながりの中で生きていくのが野鳥本来の姿ですから、
えさを用意するのは、あくまで野鳥のすむ環境作りのための
一つの手段にすぎず、決して餌付けを行うわけではありません。

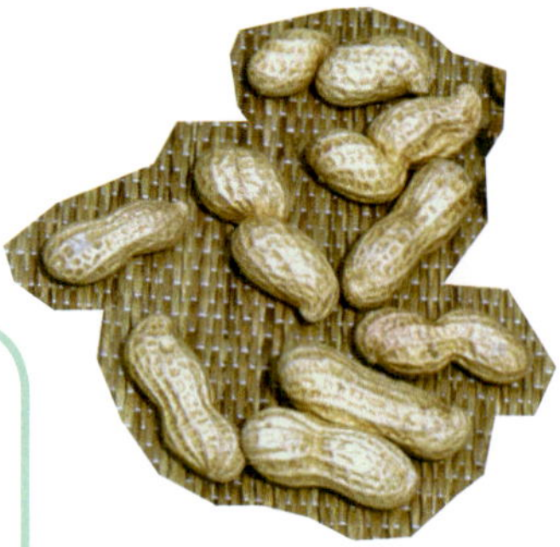

えさを用意して彼らを招待するのは、寒い季節の間——昆虫や木の実が少なくなる11月から翌4月下旬ごろまでが適当です。九州と北海道では季節に1か月以上のずれがあります。目安としては、虫が活動を始める葉桜のころに少しずつえさを減らしていき、最終的にはえさやりはやめるようにしてください。

また、えさやりは、いったん始めたら途中でやめないこと。気まぐれにやったりやらなかったりでは、寒い冬、野鳥がえさをとれずに困ってしまいます。さらに、1種類の野鳥だけ集めまっても困りますから、えさの種類はできるだけ多くすること。ただし食べ残しが出るほどたくさんのえさはやらないようにしましょう。

次のページでは、どんな野鳥がどんなえさを食べるのかを表にしてみました。この表は、あくまでわたしの個人的な観察を基にしたものですから、皆さんの庭のえさ台では、この表にはない野鳥とえさの組み合わせが見られるかもしれません。皆さんもオリジナルの関係表を作ってみてください。

鳥の種類別えさ台レシピ

凡例：● よく食べる　◎ 食べる　○ 食べた例がある

鳥＼エサ	パンくず	ドーナツ	バードケーキ	ジュース	ご飯粒	リンゴ	ミカン	カキ	ヒマワリ	ヒエ・アワ	カナリーシード	アサの実	青米	サフラワー（紅花の実）	ピーナツ	カボチャの種	むきクルミ	牛の脂身	ハトの配合飼料
スズメ	●	●	●		●			◎	●	●	●	●	●	◎	◎		●	◎	○
シジュウカラ	○	○	●					○	●			●	○	○	◎	○	●	●	○
ヒガラ	○	○	●					○	●			●	○	○	◎	○	●	●	○
メジロ	○	◎	●	●		◎	●	●										◎	
ウグイス		○	◎	◎				●										●	
ジョウビタキ		○	○												○粉		◎粉		
ヒヨドリ	●	●	●	●	◎	●	●	●										◎	
ムクドリ	●	●	●	○	○	●	◎	●											
キジバト	●	●	○		○				○	●	●	●	●	●	○		◎		◎
カワラヒワ	○		○						●	●	●	●	○	●	○	◎	◎		○
アトリ	○	○	○						●	●	●	●	○	●	○	◎	◎		○
シメ	○	◎	○						●	●	●	●	○	●	○	◎	◎		○
ツグミ	●	●	●	○	○	●	◎	●										○	
アカハラ	●	●	●	○	○	●	◎	●											○
アオゲラ		○	●					◎										●	●
コゲラ		○	●					◎									○	●	●
キジ	●	◎	◎		○				○	●	●	●	●	●	○	◎	◎		●
コジュケイ	●	◎	◎		○				○	●	●	●	●	●	○	◎	◎		●
レンジャク類			◎	○		●	◎	●											
カケス	●	●	●	●	○	●	●	●	○						○		◎	●	
オナガ	●	●	●	●	○	●	●	●							○		◎	●	

えさ台を作ろう！

ペットボトルのフィーダーにやって来たシジュウカラ

牛乳パックで作る

牛乳やジュースなどの500cc入り紙パックを使います。ハサミやカッターで、えさが落ちない程度に、底から2.5センチくらいを残して上の4面を切り取ります。針金で吊り手をつけ、底に水抜き穴を開けて割りばしを取りつければ完成です。小鳥用なのでヒヨドリなどは不安定で止まることはできません。軽くてぶらぶらしますから、中に小石などを入れておくといいでしょう。果物やバードケーキ、穀類など、さまざまなえさをやるのに使えます。

紙パックのフィーダーにやって来たスズメ

ペットボトルで作る

雨が入ってえさが濡れても乾くように、底に水抜き穴を空けるのを忘れずに。また、混同したえさを入れると、スズメなどが気に入らないえさを下に落とすことがあります。一つのフィーダーには、1種類のえさを入れるようにしましょう。

かごを利用したフィーダーにやって来たジョウビタキ

いろいろな日用雑貨をフィーダーや
水場に応用してみよう

日用雑貨を利用する

わたしたちがふだんの生活で使用している日用品の中にも、えさ台として十分使用可能な容器があることに気づきます。近くのスーパーや園芸センターなどを探すと、加工しなくても使えそうな小ざるやプラスチックの入れ物がたくさん見つかるでしょう。

※ボツリヌス菌などが原因と言われるスズメなどの大量死が知られています。えさ台は常に清潔にしておきましょう。

せっけん入れのフィーダーにやって来たハシブトガラ

ペットボトルでフィーダーを作ってみよう！

材料を用意する

ペットボトル（小型で口の大きいものが使いやすい）1本、長さ20～30センチくらいの針金1本、割りばし1膳、ペットボトルに穴を開けるためのきりのような先端のとがったもの、ハサミを用意します。

きりで穴を開ける

イラストを参考にして穴を開けます。えさを取り出す穴は、止まり木用の穴の3センチくらい上に開けます。止まり木用の穴には後で割りばしを通すので、向かい合わせになるように、割りばしの太さよりも少し小さめに開けます。

取っ手と止まり木をつける

割りばしを十字に通し、針金で取っ手をつけます。

えさを入れて、木の枝や軒先に吊しましょう。

バード・バスを作ろう！

水盤を利用した水場

市街地を流れる川や水路は、暗渠《あんきょ》になっているか、そうでなくてもコンクリートで固められていて、自然の水辺はなかなか見つかりません。野鳥はいつも水を飲んだり水浴びをしたりする場所を探しているのです。着たきりスズメの彼らにとっては、１日数回の水浴びは欠かせません。きれいな水を一年を通して用意すれば、野鳥たちはすぐにでもやってきてくれます。

水を飲むヒヨドリ（左）と水浴びするシジュウカラ（右）

水場として提供するのは、プラスチックの鉢皿や水盤などの浅い器でも大丈夫です。また水場の上には、大きめのバケツやプラスチック容器を高いところに置くか吊り下げ、点滴のように少しずつ水場に水滴が落ちるように工夫してみてください。水を動かすと水面がキラキラ光るため、上空を飛ぶ野鳥に池の存在を気づかせる効果があります。また、彼らは動く水はきれいだと思って安心するのか、すぐに使ってくれます。

また、庭に少しゆとりがあるなら、池を作ってみてはいかがでしょうか。ここでは簡単なビニール池の作り方を紹介しますが、コンクリート製にしてポンプで水を循環させて水生植物を植えれば、水辺の生き物もたくさんやってくるすばらしい環境を作ることができます。

水浴びするヒヨドリの群れ

ビニールシートで作った水場

ビニール池の作り方

穴を掘る

穴を掘ったら、土を踏み固めましょう。

ビニールシートを敷く

周囲をＵ字型の針金で止めます。園芸用のビニールシートを２枚重ねて敷きます。

小砂利や砂を入れ、水を張る

岸の近くには玉砂利、深いところには砂や砂利を入れます。水草を植えれば、トンボやカエルなども利用するようになります。池の周囲に大きな石や草木は配置せず、外敵が近づいたときに鳥たちに見えるように配慮しましょう。

土を作る・緑を作る

生き物を育む“土”

市街地はコンクリートで固められ、一日歩き回っても土を踏まなかったということさえ当たり前になってしまいました。土の重要性を忘れてしまっている人も多いのではないでしょうか。

土といってもいろいろあります。都会の工事現場で掘り返された土は灰色がかってパサパサしています。このような土は、生き物がまったく見られない死んだ土です。一方、森や林の土は、黒々としていて適度に水分を含んでおり、手で握るとしっとりした固まりになります。そのような土の中では、ミミズやコガネムシの幼虫がすぐに見つかりますし、目に見えないような生き物もたくさんすんでいるのです。

土を改良する

地中にすむ甲虫の幼虫やミミズなどは、ツグミの仲間やムクドリなどの大好物です。落ち葉や枯れ枝などを砕いて土に混ぜると、こういった地中の生き物がたくさん戻ってきます。また、葉や枝は意外に早く土に還りますから、場所が許せば、堆肥を作ったり、コンポストを使って健康な土を作ってみるのもいいでしょう。

地面でミミズを探すジョウビタキ

生き物のすみかを作る

トカゲやヒキガエルなどが戻ってくるように、彼らの好む環境を作ってみませんか。庭の隅に石や瓦、剪定《せんてい》した木の枝などを積み上げてみましょう。そこにはコオロギなどの昆虫がすみつき、ヒキガエルの寝場所になります。雑草と呼ばれて嫌われているエノコログサやヒメシバなどのミニ野草園を作れば、秋にはバッタやコオロギの仲間が鳴き、これらの植物がつける小さな実は、野鳥のえさにもなります。

お手本は雑木林

生き物にとって植物は、あるときは食べ物に、あるときはすみかにもなるとても大切なものです。植物の種数が多いほど昆虫などの小動物も多くなりますし、もちろん野鳥もやってきます。日本で最もこの条件を満たしているのは、里山の雑木林でしょう。雑木林とは、冬になると葉を落とす落葉広葉樹を主体として、一年中緑の葉をつけている常緑樹が少し混じっている林で、冬は木々の葉が落ちて林内が明るくなり、地面にはスミレやヤブランなどの草花が育ちます。

シジュウカラはマツシャクトリの幼虫を１年間に12万５千匹も食べる

巣箱を作ろう！

使用中の巣箱には、尾の跡が残る

鳥たちの住宅事情

ヒヨドリやカワラヒワなどは、小枝や枯れ草などを集めて、木の枝などにざる形の巣を作ります。シジュウカラやムクドリなどは、キツツキの古巣など古木の幹に空いた洞を利用します。市街地や若木だけの植林地では、都合のいい樹洞はなかなかなく、木の洞に巣を作る野鳥はいつも住宅難で困っています。

営巣場所が少ないだけに巣を巡る争いは激しく、昔の日本家屋にみられたような屋根の下のすき間がなくなって困っているスズメが、シジュウカラ用の巣箱やツバメの巣を奪ってしまう例も観察されています。そのため、巣穴の大きさを工夫したり、別にスズメ用の巣箱を用意することも必要です。適切な方法で巣箱を作って木に取りつければ、使用率は80％以上といわれています。

巣箱の基本形（シジュウカラ用・ムクドリ用）

厚さ１センチの板を使い、右図のように線を引いてのこぎりで切断し、木ねじで止めます。巣箱の大きさについては、下の表を参考にしてください。

巣箱の大きさ（単位：cm）

種類	巣穴の直径	高さ	幅	奥行き
シジュウカラ	2.8〜2.9	18〜25	15	15
ヤマガラ	3	20〜25	15	15
スズメ	3	18〜25	15	15
ニュウナイスズメ	2.9〜3	18〜25	15	15
ヒガラ	2.7〜2.8	18〜20	13〜15	13〜15
ムクドリ	4〜5	30	17	17
コムクドリ	4	28	15	15
オシドリ	12	50	30	30
アオバズク	12	50	30	30
フクロウ	20	80	35	35
ムササビ	12	50	30	30

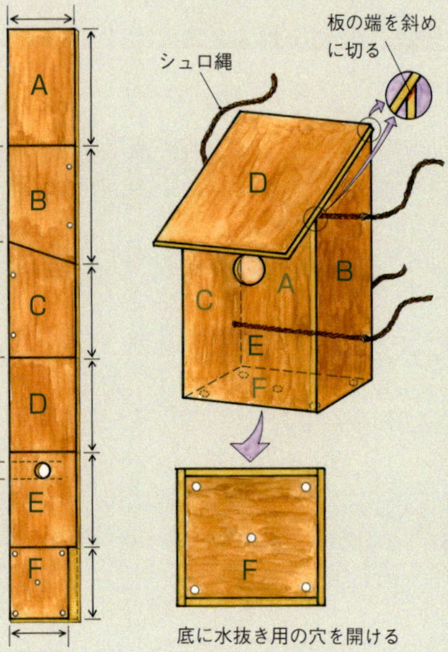

底に水抜き用の穴を開ける

巣箱の取りつけ方

巣箱は、ネコやヘビが伝ってこないよう、2メートル以上の高さの木の、枝などの足がかりのない場所に取りつけます。ネコや外敵がいなければ、巣の位置は低くても問題ありません。巣穴の向きは、庭のような狭い環境では東西南北いずれでもかまいません。樹木がなければ、柱を立てたり、家の壁面に取りつけてもよいでしょう。窓から見える場所など、家の中から観察しやすいところにつければ、子育ての様子をいつも見ることができますし、巣立ちの決定的瞬間に立ち会うこともできるかもしれません。巣箱は、雨水が入らないようやや前に倒して取りつけ、底面には水抜き穴を少し多めに開けることも忘れずに。

2メートル以上（ムクドリ用は3メートル以上）
公園などの公共の緑地ではもっと高いほうがいい

土木工事用のビニールチューブに営巣したシジュウカラ

カラマツの間伐材を利用した巣箱

取りつける時期

巣箱の利用率は、秋から冬にかけて高くなります。冬の間、野鳥たちが寒さをしのぐために利用することもあるからです。野鳥が使用した巣箱は、その年の10月ごろにいったん降ろして、中を空にして掃除したり、壊れたところを補修するなどのメンテナンスをした後、またしっかりとつけ直しましょう。

庭先の鉢の中でヒナを育てるシジュウカラ

身近で見つかる 鳥の巣図鑑

針金のハンガーを使ったカラスの巣

初夏から夏にかけて、身近な庭先や街路樹の上では、意外に多くの野鳥が巣作りをしているため、秋も深まり、樹木が葉を落とすころ、庭木や街路樹に鳥の古巣を発見して驚くことがあります。鳥たちの子育ての季節にもし使用中の巣を発見したら、絶対に近寄らず、気がつかないふりをしてそっと見守りましょう。また、キジバトやハシブトガラスは、一度使用した巣を続けて使うことがあるので、そのままにしておきましょう。

ヒヨドリの巣

ヒヨドリの巣

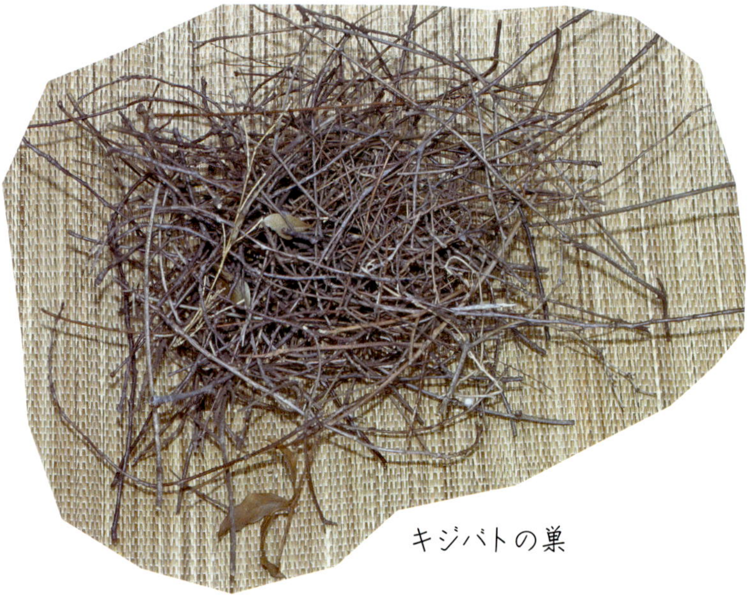
キジバトの巣

メジロの巣

カワラヒワの巣

バードリースを作ろう!

ピーナッツ・リースに止まるシジュウカラ。
ヤマガラやスズメも利用する

ピーナッツ・リース

材料は、クリーニング屋さんの針金製のハンガーと、殻つきのピーナッツです。ハンガーの針金をほどいて円型に整え、大きな首飾りを作る要領で、ピーナッツの殻の真ん中に針金を通します。コツは、ピーナッツの殻が回らないようにきつく通すこと。また、食べやすいように殻の両端をはさみなどで少し切っておきます。こうしてピーナッツを通した針金で直径20～30センチほどのリングを作れば、ピーナッツリースの出来上がり！　軒先や木に吊り下げておき、シジュウカラの仲間が食べにくるのを待ちましょう。

ドライフラワーのリース

ドライフラワー・リース

作り方はクリスマスリースと同じ。違いは材料として野鳥が食べる植物を中心に用いることだけです。ただし、冬季に野鳥たちにドライフラワー・リースをプレゼントするためには、秋口から材料を確保したり、夏前から栽培しておいたものを収穫、乾燥させ、用意しておく必要があります。

野草を中心としたリースであれば、近くの野原や河原でその季節に目立つものを摘んでくるだけで材料が手に入ります。土台の部分となるツルは、クズやヘソカズラなどの身近なツル植物でOK。また、ベランダや庭先で、リース用のアワやヒマワリなどの雑穀類を育てる家庭菜園を始めても楽しいかもしれませんね。

ドライフラワー・リースの材料。左から、エノコグサ、イヌビエ、コムギ、ベニバナ、カナリーシード

身近で自然感察（ネイチャーウォッチング）

自然感察は生き物を近くに感じられるとても楽しい趣味です。通勤や買い物途中でも、四季を通じてさまざまな生き物との出会いはあります。朝、目が覚めたとき、カーテンをそっと開けて窓の外に目をやるだけで、今まで気づかなかったいろいろな野鳥の姿が見え、声が聞こえてくることでしょう。

双眼鏡

庭にやってきた鳥を、色鮮やかに、より大きく見せてくれる観察道具です。倍率は7～10倍ほどで、コツさえつかめばすぐに鳥を視野に入れることができるようになります。手で持って観察できる機動性にすぐれたアイテムです。

望遠鏡

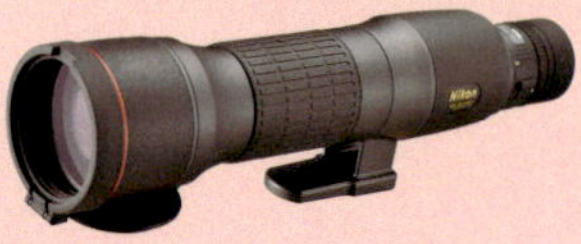

家の中から庭先のえさ台や巣箱をじっくり観察するのに適しています。倍率は20～60倍ほどで、双眼鏡に比べて重く、手に持って使用することはできないので、固定用の三脚・雲台が必要となります。

図鑑

姿や声は確認できたけれど、何という鳥なのかわからない――そこで活躍するのが野鳥図鑑。まず最初の1冊としてはポケットサイズの図鑑がおすすめです。

ポケット図鑑 日本の鳥300
叶内拓哉／著　B6判・320ページ
定価1,050円（本体1,000円+税5%）

自然にやさしい感察とは

バードウォッチングに限らず、自然感察をするには、自然に対する思いやりの心が大切です。きれいな花が咲いているからといって摘み取ってしまっては、その花を利用する昆虫は困ってしまいますし、あとから来た人が楽しむこともできません。もちろん個人の敷地や畑に入ることも慎むべきでしょう。

ひとりでも多く自然好きを増やそう！

シェアリングアース協会へのお誘い

Sharing Earth Association

ひと口に自然といっても、動物、植物、昆虫、野鳥と、いろいろなメンバーから成り立っています。私たちにとって今いちばん必要なことは、自然が与えてくれる感動を多くの人々が共有し（sharing）、かけがえのない大切な地球を生き物みんなで分かち合いながら、人と自然のよりよい関係を築いていくことだと考えています。

会長 藤本和典

シェアリングアース協会へのご入会は

自然が好きな方であれば、どなたでも入会できます。家族、友人、仲間同士でお気軽にご参加ください（会員数1,200名）。

【年会費】8,000円　【購読会員】3,000円
【特典】会員証発行、会報発行、感察会、講演会、写真展などのイベントの優先案内、オリジナルグッズの一部割引販売、会員の宿などの会員割引、エコツアーの特別割引ほか、そのつどお知らせします。

問い合わせ先
シェアリングアース協会
〒189-0013　東京都東村山市栄町2-28-5-3F
tel：042-390-1236　fax：042-390-1237
http://www.sharing-earth.com

参考にした本・おすすめの本

野鳥の図鑑
薮内正幸

福音館書店
3,360 円

フィールドガイド日本の野鳥
高野伸二

財団法人日本野鳥の会
3,570 円

都会の生物
小学館のフィールド・ガイドシリーズ

藤本和典・亀田竜吉

小学館
2,447 円

鳥360図鑑
財団法人
日本鳥類保護連盟

3,981 円

子どもと楽しむ自然観察ガイド&スキル
藤本和典

黎明書房
2,310 円

うちの近所のいきものたち
いしもりよしひこ

ハッピーオウル社
1,575 円

声が聞こえる野鳥図鑑
上田秀雄・叶内拓哉

文一総合出版
2,100 円

野鳥を呼ぶ庭づくり
藤本和典

新潮社
1,050 円

野鳥と木の実ハンドブック
叶内拓哉

文一総合出版
1,260 円

山渓カラー名鑑日本の樹木
林 弥栄

山と渓谷社
5,040 円

※掲載した本は、書名、著者名、出版社名、定価の順に表示してあります。
書籍の購入をご希望の方は、お近くの書店にお問い合わせください。

著者…藤本和典（ふじもと・かずのり）
身近な自然を大切に、そして自然好きを一人でも多く増やすことを目的とした自然感察会を主催する。コスタリカやケニアなどエコツアーも年に数回実施。主な著書に『都会の生物』（小学館）、『野鳥を呼ぶ庭づくり』（新潮社）、『子どもと楽しむ自然観察ガイド&スキル』（黎明書房）など。
2014年2月、逝去。

写真…藤本和典
イラスト…足利由紀子・小林絵里子（p.6 ～ 13）
デザイン…杉澤清司

BIRDER SPECIAL
新 庭に鳥を呼ぶ本

2009年11月30日　初版第1刷発行
2012年10月10日　初版第2刷発行
2022年2月1日　初版第3刷発行

著　者 ◎ 藤本和典
発 行 者 ◎ 斉藤　博
発 行 所 ◎ 株式会社　文一総合出版
〒162-0812　東京都新宿区西五軒町 2-5　川上ビル
tel：03-3235-7341（営業）　03-3235-7342（編集）
fax：03-3269-1402
郵 便 振 替 ◎ 00120-5-42149
印刷・製本 ◎ 奥村印刷株式会社

ISBN978-4-8299-0145-8　Printed in Japan